AF483014

ERNEST BOUSSON

LA MANUFACTURE NATIONALE

DE

TAPISSERIE DE BEAUVAIS

SON HISTOIRE
SON FONCTIONNEMENT ACTUEL
ET SON ROLE ARTISTIQUE

Notice honorée de Souscriptions des Conseils généraux
de l'Oise et de la Seine

DEUXIÈME ÉDITION

BEAUVAIS
IMPRIMERIE CENTRALE ADMINISTRATIVE
15, place Ernest-Gérard, 15

1905

LA MANUFACTURE NATIONALE

DE TAPISSERIE DE BEAUVAIS

LA GALERIE DES TAPISSERIES

UN ATELIER DE TAPISSERIE

L'ATELIER DE DESSIN

LA MANUFACTURE NATIONALE
DE TAPISSERIE DE BEAUVAIS

SON HISTOIRE — SON FONCTIONNEMENT ACTUEL

ET SON ROLE ARTISTIQUE

Dans l'art de la tapisserie, où elle excella dès la fin du xive siècle et où elle s'illustra aux xviie et xviiie, la France a gardé le premier rang, grâce à nos belles manufactures nationales des Gobelins et de Beauvais.

Fidèles à leurs traditions séculaires, ces deux établissements sont restés spécialisés, l'un dans la tapisserie de grand style et d'histoire, l'autre dans la tapisserie de genre et d'ameublement. L'un et l'autre ont produit des œuvres admirables et continuent à se montrer dignes de leur glorieux passé.

La manufacture des Gobelins est plus connue que celle de Beauvais. C'est une raison de plus pour parler de cette dernière et exposer ici son histoire, son fonctionnement actuel et son rôle artistique.

L'ORIGINE DE LA MANUFACTURE. — LES PRIVILÈGES DE L'ENTREPRISE.

La manufacture de Beauvais fut fondée à une époque où les tapisseries des Flandres, arrivées à leur apogée, à la suite de la merveilleuse rénovation de la peinture décorative par Rubens, avaient acquis une réputation qui les faisait rechercher entre toutes. Après Henri IV, qui avait déjà institué à Paris une entreprise analogue, Colbert comprit l'avantage qu'il y aurait pour le développement de la richesse artistique et du commerce de la France, à attirer chez elle les maîtres tapissiers dont le talent brillait alors chez nos voisins. C'est dans ce dessein que, trois ans avant la création de la « Manufacture royale des Meubles de la Couronne », installée aux Gobelins, sous la direction du grand peintre décorateur Le Brun, l'éminent homme d'État fit signer par le roi, au mois d'août 1664, « l'édict pour l'établissement des manufactures royales de tapisseries de haute et basse lice en la ville de Beauvais et autres lieux de Picardie ».

L'entreprise « des tapisseries de la manière de celles des Flandres » fut concédée à Louis Hinard, marchand tapissier et bourgeois de Paris, précédemment établi à Oudenarde et qui fut heureux de revenir à Beauvais, sa ville natale, où existaient déjà, au XVIe siècle, des ateliers de tapisserie. Le privilège était accordé pour trente ans : défense était faite à toutes personnes de former un établissement semblable à Beauvais et dans toute la province de Picardie, sous peine de dix mille livres d'amende et de confiscation (1). Le roi prenait à sa charge les deux tiers des frais pour l'acquisition et l'installation des immeubles, soit 30,000 livres, et il avançait, sans intérêts, une somme égale, remboursable en six ans, pour l'achat des matières premières. Sur la porte et le frontispice des bâtiments devait être apposé un tableau des armes de Louis XIV, avec cette inscription : *Manufactures royales de tapisseries.*

L'entrepreneur était tenu d'entretenir, la première année, cent ouvriers et d'en augmenter le nombre, jusqu'à concurrence de six cents, après les six premières années. Une prime de 20 livres lui était accordée pour chaque ouvrier qu'il ferait venir de l'étranger. Afin de perpétuer la manufacture, le sieur Hinard devait s'appliquer à former le plus possible d'apprentis français, jusqu'au nombre de cinquante au moins, pour chacun desquels le roi s'engageait à payer une somme de 30 livres par an, pendant l'apprentissage. Au bout de six années comme apprentis et de deux comme compagnons, les ouvriers étaient censés avoir acquis la franchise et étaient ensuite reçus, sans frais, maîtres et marchands tapissiers de la manufacture. Les étrangers, employés audit établissement pendant huit années entières et consécutives, pouvaient obtenir de plein droit la naturalisation française, sans avoir à payer aucune taxe. Les tapissiers et apprentis étaient exempts de toutes tailles, subsistances et autres impositions. Ils étaient logés dans les bâti-

---

1. En tenant compte du pouvoir relatif de l'argent, la livre équivalait à peu près, à la fin du XVIIe siècle, à 4 francs et, au XVIIIe, à 2 fr. 50.

ments de la manufacture, ainsi que le reste du personnel de l'entreprise, « peintres, teinturiers, brasseurs de bierres et boulangers »; tous jouissaient des mêmes avantages et vivaient en commun autour des ateliers.

Comme les commensaux de la maison du roi, l'entrepreneur avait le privilège de « committimus » ou de juridiction spéciale.

La marque de la manufacture était exclusivement réservée, sous peine de 10,000 livres d'amende et de confiscation. Les matières premières arrivaient en franchise; les tapisseries envoyées à l'étranger étaient soumises à un droit de 20 livres par 20 aunes; celles vendues dans le royaume étaient exemptées de tout droit.

LES PREMIERS ENTREPRENEURS.

L'établissement, organisé sur ces bases solides, ne donna pas tout d'abord les résultats qu'on en attendait, mais sa forte constitution, qui resta en vigueur jusqu'à la Révolution, lui permit de surmonter les difficultés du début.

Hinard réussit à attirer en France plus d'une centaine d'ouvriers étrangers — des Flamands principalement — et produisit un grand nombre de « verdures avec petits personnages »; mais il dut se retirer avant l'échéance de sa concession et fut remplacé, en 1684, par Philippe Béhagle, ancien marchand tapissier à Tournay, protégé par la maison de la Vallière.

Le nouvel entrepreneur obtint les mêmes privilèges que son prédécesseur et 15.000 livres d'avance. Il acheva de construire les bâtiments de la Manufacture et y institua une école de dessin, excellente innovation qui devait avoir les plus heureux effets. C'est de cette époque que datent les premières grandes tentures de style fabriquées à Beauvais par les ateliers royaux.

En 1686, Louis XIV vint visiter l'établissement et félicita l'entrepreneur de sa bonne administration et de ses travaux. Le souvenir de cette visite est inscrit sur une plaque de pierre, qui a été placée dans le jardin de la manufacture, sous un ombrage où le roi se reposa.

Les dépenses de guerre ne permettant pas de payer les ouvriers des Gobelins, ceux-ci se réfugièrent, en 1693, à Beauvais, où l'entrepreneur les recueillit et les employa provisoirement. Béhagle mourut en 1704. Sa veuve et ses fils continuèrent sa gestion pendant six ans.

Les entrepreneurs qui suivirent, les frères Filleul (1711-

1722, laissèrent péricliter la maison. Pour la relever, le roi accorda à leur successeur, Mérou, qui avait dirigé la manufacture de Boufflers, de nouveaux avantages, en lui confirmant les anciens : l'entrepreneur obtint une somme de 3.000 livres pour l'entretien, le paiement par le trésor royal de toutes les dépenses et commandes de dessins et de tableaux, et, comme ses prédécesseurs, la permission de « s'associer des nobles sans déroger ». Il lui fut versé une indemnité de 50,000 livres et une avance de 90,000 livres, remboursable en six années. Après Lepape, qui dirigeait l'école de dessin, depuis sa création par Béhagle, le peintre Duplessis fut attaché à la manufacture, de 1721 à 1726, aux appointements de 2,000 puis de 3,000 livres. Mérou ne sut pas se montrer digne de la bienveillance qu'on lui avait témoignée, et dut être destitué.

LA PROSPÉRITÉ DE LA MANUFACTURE AU XVIIIe SIÈCLE.
« LE ROYAUME D'OUDRY. »

Le 23 mars 1734, l'entreprise fut confiée à Nicolas Besnier, écuyer, conseiller du roi, ancien échevin de Paris. Celui-ci s'associa Jean-Baptiste Oudry, qui avait succédé à Duplessis, en 1726, comme peintre de la manufacture, au traitement de 3,500 livres, et qui eut la direction de tous les travaux d'art. Le privilège fut concédé à Besnier à peu près aux mêmes conditions qu'à ses prédécesseurs.

Oudry avait déjà donné la mesure de son talent, mais, du jour où son autorité pût s'exercer librement, sa précieuse collaboration eut une influence considérable sur les destinées de l'établissement. Il remit de l'ordre partout, réorganisa l'école de dessin et y professa lui-même, attachant la plus grande importance à ce que les tapissiers acquissent les connaissances artistiques nécessaires à la bonne exécution des travaux. Il ouvrit même un cours spécial à l'usage des jeunes gens de Beauvais. Il surveillait jusqu'aux moindres détails de la fabrication, et on le voyait souvent dans les ateliers, inspectant, encourageant ou critiquant les ouvriers, faisant défaire et refaire ce qui lui paraissait défectueux. Sous la direction d'un tel maître, les ouvrages de la manufacture ne tardèrent pas à atteindre un degré de perfection inconnu jusqu'alors.

Sans renoncer aux grandes tentures, qu'il traita avec une sûreté de dessin et une souplesse de coloris qui ne furent jamais dépassées depuis, Oudry s'appliqua à multiplier la production de toutes les pièces d'ameublement, sièges paravents, écrans et portières, dont les motifs charmants furent l'un des ornements les plus gracieux des salons du XVIII° siècle.

La manufacture de Beauvais eut alors une renommée universelle. Elle avait déjà à Paris une maison de vente, rue de Richelieu, et un magasin spécial à Leipsick, dont le chiffre d'affaires s'accrut rapidement et d'où les tapisseries françaises se répandirent dans le monde entier.

Louis XV voulut se rendre compte par lui-même du fonctionnement des ateliers, et vint visiter, comme disait Voltaire, « le royaume d'Oudry ».

Le grand peintre, qui avait si brillamment réussi à Beauvais, fut chargé par le roi de surveiller également les travaux de la manufacture des Gobelins, qui avait bien décliné depuis la mort de Le Brun. C'est sous sa direction que furent exécutées, dans cet établissement, d'après ses propres modèles, la célèbre série *des Chasses de Louis XV* et, quelques années plus tard, la suite non moins fameuse de l'*Histoire d'Esther*, d'après de Troy.

Oudry mourut à Beauvais, le 30 avril 1755, à l'âge de 69 ans, profondément regretté par les ouvriers, qui l'appelaient leur père. Il fut inhumé dans l'église Saint-Thomas, sa paroisse. Cette église fut démolie en 1810 et, en 1851, l'administrateur de la manufacture à l'époque, M. Badin père, retrouva, chez un broyeur de couleurs, la pierre tombale de l'illustre artiste. Il l'acheta pour quelques francs, la donna au musée de Beauvais et la Société académique la fit placer dans l'église Saint-Etienne, où elle est encore aujourd'hui. Ce n'est qu'en 1883 que la vieille « rue du Moulin-à-l'Huile », non loin de la manufacture, a changé de dénomination, pour s'appeler « rue J.-B.-Oudry ».

A Nicolas Besnier, avait succédé, en 1753, André-Charlemagne Charron, parent du receveur général de la généralité de Paris, qui, comme son prédécesseur, avait associé Oudry aux bénéfices de l'entreprise. A la mort de ce dernier, la direction artistique de l'établissement passa aux peintres Juliart, puis Dumont, de l'Académie, élève de de Troy. Malgré les difficultés résultant de la guerre et celles qu'occasionna aussi l'imposition des ouvriers à la capitation, dont ils avaient été jusque-là dispensés, la manufacture continua de produire de belles tapisseries pour le roi, les souverains étrangers et les personnages de la cour.

Le dernier entrepreneur, de Menou, ancien marchand tapissier à Aubusson (1780-1793), obtint des avantages spéciaux. Il reçut une subvention de 11,000 livres et fut assuré d'une fourniture annuelle au roi de tapisseries d'une valeur totale de 20.000 livres. Il était autorisé en outre à fabriquer, indépendamment des tapisseries, des tapis de pied de toutes qualités, pourvu que le prix en fût au-dessus de 40 livres l'aune, et à charge par lui d'entretenir au moins vingt métiers battants et trente apprentis. Grâce à ces avantages, ainsi qu'au bienveillant appui du comte d'Angiviller, ami et protecteur éclairé des arts, alors directeur des bâtiments royaux, l'entrepreneur réussit à maintenir la prospérité de la manufacture. La fabrication des tapis de pied détermina même une notable augmentation du nombre des ouvriers, qui, de 50 qu'employait le précédent entrepreneur, fut porté à plus d'une centaine.

DE LA RÉVOLUTION A NOS JOURS. — L'ADMINISTRATION DE L'ÉTAT.

La Révolution arrêta le mouvement des affaires. La manufacture continua à travailler, mais ses produits ne trouvaient plus d'écoulement. Les ouvriers subirent une diminution de salaire, qui rendit leur situation très précaire. L'entrepreneur de Menou, ne pouvant faire droit aux réclamations du personnel, donna sa démission et résilia son bail en 1793.

Le Conseil de district, désireux de voir se continuer l'exploitation de la manufacture, dont la « splendeur » lui paraissait utile à la gloire de la nation, fit publier un avis, invitant à se présenter tout citoyen qui offrirait les garanties de solvabilité et les capacités voulues pour poursuivre l'entreprise. Cet appel étant resté sans effet, le Comité d'agriculture et des arts près le Ministère de l'Intérieur, par arrêté du 13 prairial an III, nomma directeur de la manufacture le peintre Camousse, « ci-devant régisseur et inspecteur des travaux d'art audit établissement », depuis 1777, et lui adjoignit un garde magasin, chef des ateliers.

Le régime de l'entreprise fut dès lors remplacé par l'administration de l'État.

L'ouvrage se fit, comme par le passé, à la tâche et non à la journée, mais la main d'œuvre fut payée « trois fois le prix fixé en 1789. » Même arrêté du 13 prairial an III.

L'établissement ne fonctionna qu'avec un nombre très restreint d'ouvriers jusqu'à la mort du directeur Camousse.

Son successeur, M. Huet, nommé le 1er fructidor an VIII, reçut du premier consul les fonds nécessaires pour le renouvellement du personnel et du matériel. Il releva la

manufacture et porta à 25 le nombre des artistes. La fabrication des tapis de pied fut définitivement abandonnée.

Bonaparte témoigna l'intérêt qu'il portait à la fabrique
de tapisserie en venant, le 25 brumaire an XI, la visiter,
avec son frère Lucien.

La loi du 28 floréal an XII la fit passer dans la maison
de l'empereur.

L'administrateur Huet mourut le 26 mars 1814, âgé de plus
de 80 ans, laissant la manufacture dans un état prospère. Ses
fils lui succédèrent jusqu'en 1819.

Vinrent ensuite MM. Guillaumot, chef de bureau de la
comptabilité de la maison du roi 1819-1828), le marquis
d'Ourches (1829-1831), Guillaumot fils (1831-1832) et Grau de
Saint-Vincent, ancien capitaine d'infanterie (1832-1848).

Sous ces divers administrateurs, plusieurs modifications
qu'il convient de noter furent réalisées dans l'établissement.
M. Guillaumot substitua, pour le mesurage des tapisseries,
le système métrique au « bâton de Flandre », qui était en
usage depuis la création de la manufacture, et réorganisa
l'école de dessin. Vers 1830, les ouvriers, qui avaient été
payés jusqu'alors aux pièces, reçurent désormais un traitement fixe et eurent droit à une retraite, ainsi que cela
se pratiquait aux Gobelins depuis 1790. L'avancement du
personnel fut réglé par l'administrateur de Saint-Vincent.

Pendant cette période, la manufacture reçut la visite de la
duchesse d'Angoulême, le 27 avril 1825, et celle de Charles X,
en septembre 1827, à la suite de son voyage dans le nord de
la France. Louis-Philippe s'y arrêta, en revenant du
château d'Eu, les 26 mai 1831 et 4 juillet 1833. A cette dernière date, le roi était accompagné par Mme Adélaïde, le duc
de Chartres, le prince de Joinville, le maréchal Gérard,
l'intendant général comte de Montalivet, et M. Thiers, alors
ministre du commerce et des travaux publics.

A partir de 1848, le gouvernement, s'inspirant du glorieux
précédent d'Oudry, confia l'administration de la manufacture
à des peintres et ce système a donné jusqu'ici les meilleurs
résultats. C'est ainsi que furent nommés MM. Badin
(1848-1876), Diéterle 1876-1882 et enfin M. Jules Badin, qui
succéda, à quelques années d'intervalle, à son père et qui,
depuis 1882, est à la tête de ce bel établissement.

Il a été question, à plusieurs reprises, surtout en 1831 et
sous le second empire, de réunir aux Gobelins la Manufacture de Beauvais. Ce projet n'a jamais abouti et l'on doit
s'en féliciter, car cette mesure eût été très préjudiciable
aux intérêts artistiques des deux établissements.

À la fin de mars 1871, après le départ précipité du préfet allemand de Schwartzkoppen, qui avait administré le département de l'Oise, pendant l'occupation, on constata, à la Préfecture et à la Manufacture, la disparition, entre autres objets, d'un certain nombre de tapisseries, estimées plus de 120,000 francs. M. de Malherbe, doyen du Conseil de Préfecture, qui avait pris par intérim la direction des services départementaux, adressa immédiatement à ce sujet une énergique réclamation au quartier général de Versailles et les tapisseries ne tardèrent pas à être restituées. Elles « s'étaient trouvées — selon l'expression du commissaire impérial de Nostitz Wallwitz, chargé de l'enquête sur cette affaire — parmi les bagages de M. de Schwartzkoppen ».

Comme celles des Gobelins et de Sèvres, l'administration de Beauvais relève, depuis 1870, de la Direction des Beaux-Arts.

L'HISTOIRE ARTISTIQUE DE LA MANUFACTURE.

Le nom de Jean-Baptiste Oudry domine toute l'histoire de la manufacture de Beauvais. C'est à lui que revient l'honneur d'avoir rénové, au XVIIIe siècle, l'art de la tapisserie et redonné à la production française un incomparable éclat.

Après les verdures à petits personnages d'Hinard, Béhagle avait déjà su relever le caractère de la fabrication beauvaisienne, dans ses tentures de haute lisse : les *Actes des Apôtres*, d'après Raphaël, conservées à la cathédrale de Beauvais, les *Conquêtes de Louis le Grand*, les *Aventures de Télémaque*, d'après les cartons d'Arnault, l'*Histoire d'Achille*, et les *Triomphes des divinités marines*, d'après Bérain ; séries de grand style et dont quelques unes peuvent rivaliser, pour la richesse du coloris, avec les belles œuvres flamandes. Quelque vingt ans plus tard, le peintre Duplessis avait fait exécuter, à son tour, ses jolis cartons de l'*Ile de Cythère*, en six pièces, des *Sujets bohémiens*, en cinq pièces, et son tableau de *Vénus et Vulcain*. Mais que sont ces efforts, assurément très louables, à côté du labeur prodigieux d'Oudry ? — Rappelons-nous les séries, tant de fois répétées, dont il est l'auteur et dont les nombreuses pièces, admirablement composées, n'ont cessé de servir de motifs de décoration pour les tentures et pour les meubles : les *Tableaux de chasse*, les *Fables de la Fontaine*, les *Grotesques*, les *Verdures fines*, les *Comédies de Molière*, les *Amusements* et les *Métamorphoses* ; puis les reproductions faites, sur ses

ordres et sous sa surveillance, d'après les cartons des
artistes les plus renommés de l'époque : les *Combats
d'animaux*, d'après Souëf, cinq pièces ; *Céphale et Procris*,
d'après Damoiselet de Bruxelles, quatre pièces ; la *Foire de
Bezons*, d'après Martin, cinq pièces ; le *Don Quichotte*, d'après
Natoire, dix pièces ; les *Tentures chinoises*, d'après Dumont,
six pièces, et les fameuses tentures d'après Boucher : les
Fêtes italiennes, huit pièces, répétées plus de vingt fois,
l'*Histoire de Psyché*, en cinq tableaux, et les *Amours des dieux*,
neuf pièces.

On a reproché à Oudry d'avoir assujetti la tapisserie à une
imitation trop minutieuse de la peinture et d'avoir ainsi
altéré son caractère et provoqué sa décadence. Les maîtres
des xv* et xvi* siècles nous ont appris en effet tout ce qu'on
peut attendre de cet art, quand il est bien compris et qu'il
reste sur son domaine, déjà si vaste et si fécond. La tapisserie
ne doit pas être une copie servile du modèle peint, mais une
large interprétation, qui laisse à l'artiste une certaine liberté
de pensée et d'exécution et qui donne, à grands traits, avec
des couleurs simples et fortes, la plus vive impression de
beauté et de richesse décoratives. Ceci est hors de doute
pour la grande tapisserie murale, et l'on peut ajouter
d'ailleurs que, quelle que soit la dimension de son œuvre,
si le tapissier parvient à rendre, et d'une manière parfois
si saisissante, l'effet général d'un tableau, ce n'est pas par
la multiplicité des demi-teintes, mais par d'ingénieux rap-
prochements et mélanges de tons, que lui suggèrent son
expérience et son talent.

Il est à supposer qu'Oudry, pas plus que ceux qui le criti-
quent, peut-être un peu trop légèrement aujourd'hui,
n'ignorait ces principes. Il a même su les appliquer et les
mettre en valeur dans l'exécution de ses grandes tentures, et
notamment dans ses *Chasses de Louis XV*, d'une si franche
et si ferme facture. Mais il savait aussi que l'œuvre d'art doit
être appropriée à sa destination et qu'il ne convient pas de
décorer un boudoir comme une cathédrale. Il fit respecter le
dessin, dont les tapissiers de son époque étaient arrivés,
par une pente fatale, à négliger les règles élémentaires, et il
les obligea, en les renvoyant à l'école, à réapprendre leur
métier et à chercher, au-delà du procédé, un idéal de formes,
de grâce et d'expression. Et il réussit admirablement.
Voilà ce qu'il faut dire et ce qu'il est aisé de voir, quand on
a la joie de se retrouver devant les merveilles dont la tapisserie française fut si prodigue du temps et l'on pourrait dire
sous le règne de cet éminent et prestigieux artiste.

L'impulsion donnée par Oudry se fit sentir bien longtemps après lui. Nous relevons, sous ses successeurs, la suite des compositions de Boucher : les cinq délicieux tableaux de la *Noble pastorale*, *l'Astrée*, et les *Fragments d'opéra*; *l'Iliade d'Homère*, d'après Deshays, huit pièces; les *Jeux russiens*, d'après Leprince, six pièces; le tableau de *Médée et Jason*, d'après Bardon; les *Amusements de la campagne*, les *Bohémiens*, les *Voyageurs à cheval* et les *Convois militaires*, séries de six pièces, d'après Casanova. Enfin, de 1789 à 1793, nous notons encore : la *Conquête des Indes*, d'après Poussin; la *Pastorale à palmiers*, d'après Huet; les *Parties du monde*, d'après Le Barbier; les *Sciences et les Arts*, d'après Lagrenée, avec ameublements assortis.

Les plus remarquables de ces tapisseries furent exécutées pour le roi, offertes aux souverains et aux ambassadeurs étrangers : rois de Suède, de Naples, de Prusse, infant don Felipe, ambassadeur d'Espagne, et aux villes de Marseille, de Rouen, etc.; ou livrées à MM. de Trudaine, de Meulan, Mme de Sémonville; aux ducs de Noailles, de Choiseul, de Chevreuse, de Praslin, de Saint-Florentin ; à MM. Baudon, fermier général, de la Barre, l'abbé Terray, contrôleur général, Danger, fermier général, de Fourqueux, l'intendant Berthier de Sauvigny, le prince de Montbarrey, ministre de la guerre, etc.

Sous le premier empire, les ateliers de Beauvais reprirent, comme nous l'avons vu, leur fonctionnement normal, mais la production resta bien inférieure à ce qu'elle avait été auparavant. Il en fut de même pendant la Restauration. Durant ce laps de temps, les tapissiers reproduisirent quelques anciens tableaux d'Oudry, de Baptiste Monnoyer, de Vien, de Lagrenée, mais ils furent surtout occupés, d'après des modèles nouveaux, dont l'originalité ne s'alliait pas toujours au bon goût, à des travaux d'ameublement, pour les palais ou les résidences de l'empereur, de Louis XVIII, de Charles X et de Louis-Philippe.

Beauvais ne retrouva réellement ses belles traditions artistiques que sous la direction des peintres qui s'y succédèrent à partir de 1848. De cette époque à 1882, datent de jolies pièces pour tentures et pour meubles, d'après les cartons de Godefroy, décorateur élégant et habile, Chabal-Dussurgey, le peintre rêvé des fleurs, les tableaux de Lambert, Fabius Brest et Philippe Rousseau, les verdures de Maisial, Tony Faivre, Petit et Mme Escalier et les gracieux panneaux, à figures et ornements, de Diéterle, Jules Badin et Desroy.

Les tapissiers exécutèrent, pour l'inauguration de la statue de Jeanne Hachette à Beauvais. en 1851, une reproduction de l'étendard conservé à l'Hôtel de Ville et qui passait, d'après une tradition réfutée de nos jours, pour être celui que l'héroïne beauvaisienne prit aux Bourguignons, lors du fameux siège de 1472. Ce travail est d'autant plus curieux qu'il est absolument spécial : la tapisserie est sans envers. C'est cet étendard de parade qui figure chaque année, porté et escorté par des jeunes filles, à la fête de Jeanne Hachette, le dernier dimanche de juin.

La manufacture, qui avait participé à l'exposition de 1801, où elle obtint une médaille de bronze, puis à celles de 1819, 1823, 1834, se vit décerner la médaille d'honneur en 1855, un diplôme hors concours en 1867 et enfin le grand prix en 1878. Aux expositions étrangères, elle affirma sa réputation, en remportant les plus hautes récompenses.

Au XVII* siècle, les tapisseries de Beauvais portaient généralement le nom de l'entrepreneur et quelquefois celui du peintre. La marque semble avoir consisté, jusqu'en 1718, en une reproduction approximative des armes de la ville : un cœur rouge, avec un pal blanc au milieu, entre deux B. Sous Louis XV, cette marque fut remplacée par une ou deux fleurs de lys sur un chef bleu, avec le nom ou les initiales de l'entrepreneur : Mérou ou M. R., N. Besnier, A. C. C. (André Charlemagne Charron), Beauvais. Les pièces montées pour le roi étaient à ses armes [1].

L'ORGANISATION ACTUELLE.

La façade de l'établissement, qui paraît s'être conservée à peu près telle qu'elle était au XVII* siècle, donne sur l'une des principales rues de Beauvais, la « rue de la Manufacture-Nationale », allant de la gare au centre de la ville. Au-dessus de la porte, on lit : *Manufacture nationale de tapisseries* 1664.

Le bâtiment d'entrée est réservé aux appartements de l'administrateur, du comptable et du chef des ateliers. Un autre corps de logis, situé entre cour et jardin et surmonté d'une belle horloge de Lepaute, constitue la manufacture proprement dite, qui comprend : trois ateliers d'artistes, un atelier d'élèves, une école de dessin, un atelier de calque et de rentraiture, un atelier de couture, une galerie d'exposition, un musée des modèles, une bibliothèque, des magasins et des bureaux. Tous les ateliers de tapisserie prennent jour du côté du jardin et ont ainsi une assez bonne lumière.

(1) Sources historiques de cette notice : Archives de la Manufacture et du département.

Le personnel se compose d'un administrateur, un comptable, un professeur de dessin, un dessinateur de décalques, un chef des ateliers, trois sous-chefs, une trentaine d'artistes tapissiers, deux rentrayeuses, trois recouseuses, une quinzaine d'élèves et trois hommes de service.

Le budget, inférieur de moitié à celui des Gobelins, est d'environ 115,000 francs, répartis comme suit : personnel administratif, 15,000 ; personnel des ateliers, 80,000 ; indemnités diverses, 8,000 ; matériel, 12,000. L'administrateur reçoit un traitement de 8,000 francs ; le professeur de dessin touche 1.300 francs ; le chef des ateliers 3,600 ; les sous-chefs, de 2,800 à 3,300. Le salaire moyen des artistes est de 1,800 francs ; ils débutent à 1,200 et vont jusqu'à 2,500. Les élèves rétribués ont des appointements qui varient de 400 à 1.100 francs. La retraite est de droit, après trente ans de service, à l'âge de 60 ans.

Les élèves tapissiers doivent être pourvus du certificat d'études primaires. Ils font d'abord deux ans de stage aux cours de dessin et de tapisserie, et sont admis ensuite, s'ils ont montré les dispositions nécessaires, comme élèves appointés. Après huit ans d'études environ, à 21 ans, ou après l'accomplissement de leur service militaire, ils prennent rang parmi les « artistes » et sont nommés par le ministre des Beaux-Arts, sur la proposition de l'administrateur.

L'enseignement du dessin est donné par un artiste distingué, M. Manceaux, professeur au lycée de Beauvais. Les élèves ont deux heures de cours tous les matins. Ils étudient l'ornement et la figure et s'exercent aussi à reproduire en peinture des fleurs et des natures mortes. Le reste de leur temps est consacré à la tapisserie, dont l'exécution est surveillée par le chef des ateliers, professeur.

Le travail est réglé d'après la durée du jour : du 16 mars au 16 octobre, il commence à 7 h. 1 2 et finit à 5 heures, avec une interruption de midi à 1 h. 1 2 ; il cesse à 4 heures, d'octobre à mars.

On peut, tous les jours, visiter la Manufacture, mais, bien entendu, les dimanches et jours fériés, les ateliers ne fonctionnent pas.

LE TRAVAIL DE LA TAPISSERIE. — LA GALERIE D'EXPOSITION.

Depuis Oudry, on ne fabrique plus à Beauvais que la tapisserie de basse lisse.

Dans le métier de basse lisse, la chaîne, ou ensemble des fils tendus sur les deux rouleaux du métier, est horizontale,

au lieu d'être verticale, comme dans le métier de haute lisse
en usage aux Gobelins. Elle est en coton cordonné retors et
pourvue de bâtons à cordelettes, supportant les « lames »
ou « lisses », qui, mues par des pédales, permettent de
croiser les fils de la chaîne pour former le tissu.

Les métiers, simplifiés par Vaucanson, sont de deux sortes :
les petits, en fonte, pour les ouvrages ne dépassant pas un
mètre de largeur, et les grands, en bois, pour les pièces
importantes, qui nécessitent de bonnes « ensouples »,
c'est-à-dire une tension et une souplesse très uniformes de
la chaîne, que le bois peut seul donner. Le bois d'ailleurs,
tout en prêtant, résiste beaucoup mieux que la fonte à la
tension des fils, qui s'exerce, sur les rouleaux, avec une force
de 1 kilog. par fil. On compte, au centimètre, 9 fils pour la
grosse chaîne, 11 pour la moyenne et 14 pour la fine. Les
grands métiers, qui ont de 3 à 4 mètres de largeur de chaîne
(grosse ou moyenne), supportent donc une tension constante
de 3 à 4.000 kilos.

Rien de plus intéressant que de voir s'exécuter le travail
de la tapisserie. L'ouvrier est assis devant le métier, les pieds
posés sur les pédales. Il a à sa disposition, accumulés sur
une tablette placée sous la chaîne et qui lui sert de sup-
port pour les divers objets dont il a besoin, les petits
bâtonnets ou « flûtes », où sont enroulés les fils de laine ou
de soie de toutes nuances qui entrent dans la composition de
son ouvrage. Le modèle est suspendu derrière le tapissier et
exposé au jour de la fenêtre, pour qu'il puisse en distinguer
facilement les couleurs. Sous la pièce qu'il tisse, est fixé un
décalque qui lui donne simplement, mais avec une précision
minutieuse, le dessin du modèle.

Le travail se faisant à l'envers, le modèle est reproduit en
contre-partie sur le décalque, pour que le sujet se présente
dans le sens voulu, à l'endroit de la tapisserie.

On essaya, vers 1833, de faire de la tapisserie à l'endroit,
mais ce mode de fabrication fut condamné par la pratique :
plus lent que le travail à l'envers, il demandait encore bien
plus de précautions. On y renonça complètement, à partir
de 1848.

Antérieurement à l'emploi du décalque, qui ne paraît
remonter qu'au début du XIXe siècle, on travaillait sur le
modèle, ce qui avait pour principal inconvénient, outre
l'interversion du sujet sur le modèle ou sur la tapisserie,
de détériorer les cartons, dont un grand nombre et des plus
beaux ont été ainsi détruits.

Tout en se conformant strictement au tracé du décalque, le

tapissier consulte à chaque instant le modèle, qui le guide dans le choix de ses teintes ; séparant de sa main gauche les fils de la chaîne, il passe entre eux sa flûte de couleur, faisant, à chaque « passée », agir alternativement les pédales, dont le mouvement produit le croisement du tissu. Il quitte et reprend ses couleurs, les arrête par un nœud et les coupe, selon qu'il doit compléter ou qu'il a terminé certaines parties de son ouvrage. A l'aide d'un grattoir, puis d'un peigne en ivoire, il « tasse les passées » et regarde de temps en temps sous la chaîne dans un petit miroir, l'effet rendu.

Sur les grands métiers, plusieurs artistes travaillent ensemble à la même œuvre, et avec une telle habileté qu'on la croirait faite tout entière de la même main.

L'artiste dispose d'environ 600 gammes de teintes, avec lesquelles il peut obtenir, en les combinant fil à fil, tous les tons de la palette du peintre. Il passe d'une teinte à une autre par d'habiles mélanges et donne le modelé, suivant les cas, par des hachures ou des juxtapositions de couleurs. Il y a là des finesses d'exécution que l'on ne saisit bien qu'en étudiant la contexture d'une tapisserie.

Les métiers sont montés sur un axe horizontal qui permet de les faire basculer, ou, selon le terme technique, de les « lever », pour voir, dans son ensemble, le travail à l'endroit.

Une levée générale des métiers a lieu, à peu près tous les trois mois, sur les ordres de l'administrateur, qui examine alors les tapisseries en cours d'exécution et les fait retoucher s'il y a lieu.

Les tapisseries sont généralement tramées de laine et de soie. La soie est employée pour les clairs. On ne se sert pour ainsi dire plus, si ce n'est quelquefois pour les fonds, du métal filé or, argent, argent doré, qui noircit vite et auquel on préfère aujourd'hui la soie, qui se maintient mieux. Laines et soies sont teintes aux Gobelins, avec les couleurs végétales, dont la solidité est éprouvée.

Les tapisseries modernes portent les indications suivantes : Beauvais, l'année de la fabrication, les noms des tapissiers, et la mention : d'après tel peintre. Les meubles ne sont pas marqués.

Les pièces dont le tissage est achevé sont cousues par des ouvrières très expertes, qui sont également chargées de la rentraiture ou réparation à l'aiguille.

Autrefois, chaque tapissier dessinait lui-même son décalque, avec plus ou moins de soin et à sa guise. Depuis une cinquantaine d'années, pour obvier aux inconvénients de ce système, qui manquait nécessairement d'unité et entraînait une perte de temps pour la main-d'œuvre, le tracé des décalques est fait par un artiste spécial, dont la tâche est des plus délicates et des plus importantes pour la bonne exécution de la tapisserie. Après avoir pris son calque, le dessinateur le retourne et l'applique sur une feuille de papier blanc où il le reproduit. Il obtient ainsi une contre-épreuve du modèle; puis, plaçant celui-ci devant une glace, pour en avoir sous les yeux l'image intervertie, il rectifie et complète son dessin, en limitant les clairs et indiquant, par des hachures, les valeurs relatives des ombres. C'est, en grande partie, à cet ingénieux procédé du décalque, perfectionné comme il l'est aujourd'hui, que sont dues cette fermeté d'écriture et cette précision de modelé, qui classent absolument hors de pair la façon de Beauvais.

Mais, quand la besogne est ainsi préparée, combien elle est difficile encore et qu'elle exige de talent! Le tapissier ne se contente pas de copier son modèle, il s'en inspire et son rôle devient celui d'un créateur. Avec les moyens dont il dispose et qui sont si limités, par rapport aux ressources presque infinies de la peinture, il doit, en traduisant fidèlement la pensée du peintre et par une sorte de transposition, où réside le secret de son art, composer à son tour une œuvre qui soit en elle-même et qui reste, en dépit du temps, une image harmonieuse de la nature et de la vie. Héritiers de traditions précieuses, les maîtres de Beauvais obtiennent des résultats vraiment merveilleux : tout est enchantement dans les tableaux qui sortent de leurs mains et l'on reste étonné qu'un travail, soumis à tant de difficultés matérielles, puisse donner une impression si saisissante de la réalité. Cette belle gerbe de fleurs frémissantes, s'épanouissant en pleine lumière, chante toute la splendeur de l'été ; les pétales un peu tombants de ces roses-thé ont encore le duvet velouté de la rosée d'automne ; ces lilas, ces boules de neige, ces superbes pivoines et ces volubilis, ces mille fleurettes si délicates et ces bouquets, aux tons joyeux, qui les a placés là et prend soin d'eux, qu'ils ne se fanent jamais ? Et ce paon magnifique et ces perroquets arrogants, au plumage blanc ou safrané, aux ailes d'émeraude et de saphir, et ce coq qui claironne, et ces papillons qui voltigent, et ces clairs ruisseaux, et ces feuillages légers, et ces ciels aérés, profonds et vaporeux... Quel est le magicien qui évoque devant nous cette féerie de formes et de couleurs? Ce n'est pas seulement le peintre, c'est aussi son interprète, le modeste tapissier, que vous voyez à son métier, le front courbé sur son ouvrage.

Les œuvres terminées et sans destination spéciale sont réunies dans une galerie d'exposition, qui contient des spécimens variés de la fabrication moderne : tentures, panneaux, tableaux et meubles. Ces ravissants objets ne peuvent manquer de séduire les amateurs, qui ont du reste la faculté, si leurs moyens le leur permettent, d'en acquérir de semblables, en les commandant, et même de faire exécuter des modèles nouveaux qui seraient acceptés.

Déshabitués des couleurs vives, nos yeux sont un peu éblouis par l'éclatante fraîcheur des tapisseries qui sortent des métiers et nous goûterions mieux des nuances plus discrètes. Gardons-nous d'exprimer une pareille hérésie. Le tapissier doit composer ses œuvres dans une gamme très relevée, en prévision de l'abaissement des tons qui se produit sous l'action de l'air et de la lumière. Les anciennes tapisseries, dont la tonalité générale nous paraît aujourd'hui si douce, n'ont pris qu'avec le temps cette harmonie délicate et fondue. L'intensité de leur coloris primitif réapparaît dans les parties qui n'ont point été exposées au jour et l'on juge ainsi de la richesse et de l'éclat que devaient avoir ces tentures et ces meubles, dans un milieu d'ailleurs où tout, jusqu'aux soies et broderies des costumes, était également brillant et somptueux.

LE PRIX DES TAPISSERIES.

Les anciennes tapisseries de Beauvais ont, à l'heure actuelle, une valeur marchande aussi élevée que les plus beaux tableaux. Les tentures et les meubles Louis XV notamment atteignent des prix fabuleux. Une de ces tentures, l'*Enlèvement d'Orithyie par Borée*, d'après Boucher, a été adjugée, dans une vente récente, au prix de 157,000 francs, ce qui représente, à peu près, 140.000 francs de plus que sa valeur première. Les plus remarquables tapisseries du XVIIIe siècle se vendaient, en effet, à l'époque de leur fabrication, de 1,000 à 1,200 livres l'aune, ce qui équivaudrait de nos jours, en tenant compte du pouvoir relatif de l'argent, au prix approximatif de 3.000 à 3,500 francs le mètre.

Ces anciennes tapisseries sont devenues très rares. Beaucoup ont passé à l'étranger, pendant la période révolutionnaire et l'on sait qu'en 1793 quelques jolis échantillons de notre Manufacture servirent au Comité de Salut public à payer aux États-Unis les blés qu'ils nous avaient fournis. Aujourd'hui, les Américains, mis en goût et usant des avantages que donne à bon nombre d'entre eux

leur immense fortune, s'ingénient à réaliser chez nous
de nouvelles acquisitions. Ils y réussissent trop souvent,
en se faisant aider par des intermédiaires, dont l'habileté
parfois ne connaît pas d'obstacle. C'est ainsi qu'un habi-
tant d'une ville de province fort éloignée de Paris, et où les
étrangers ne viennent guère, fut un jour tout surpris et
même un peu effrayé de s'entendre énumérer par un visiteur,
qui lui était entièrement inconnu, les pièces de valeur de sa
collection. Ce visiteur était un marchand, chargé de faire
emplette d'un superbe mobilier de Beauvais, qu'il savait être
en la possession de l'amateur à qui il s'adressait. Après
d'assez longs pourparlers, celui-ci ne consentit à céder son
mobilier au marchand, qui lui en offrait 200,000 francs, qu'à
la condition qu'il resterait en France. Le lendemain, le mobilier, revendu 400,000 francs, partait pour l'Amérique.

Les tapisseries modernes de Beauvais sont d'un prix plus
abordable que ces pièces de collections, mais encore assez
élevé comparativement à celui des fabriques privées. Cela
tient à l'incontestable supériorité des ouvrages de notre
manufacture nationale et au temps qu'il faut pour les
exécuter. Les grandes pièces ne demandent pas moins de
deux ou trois années de travail et l'on comprend que, dans ces
conditions, l'art industriel ne peut avoir à redouter aucune
concurrence de la part des ateliers de Beauvais.

Il n'arrive que très rarement que la manufacture ait
l'occasion de vendre aux particuliers ou de recevoir leurs
commandes. Le prix de vente des tapisseries, calculé sur le
prix de revient augmenté de 40 % pour les frais généraux,
est de 3 à 4,000 francs le mètre carré.

LES ŒUVRES MARQUANTES DE NOTRE ÉPOQUE.

Pendant ces vingt dernières années, sous la direction du
peintre Jules Badin, la manufacture de Beauvais a produit des
œuvres d'une inspiration très moderne et aussi remarquables
par leur belle tenue artistique que par l'harmonie et la vigueur de leur coloris. Nous devons citer la plupart de celles
qui ont figuré et qui ont été justement admirées aux expositions universelles de 1889 et de 1900 : les quatre panneaux
des *Saisons*, d'après Français ; les *Parties de la France*, d'après
Bourgogne, Paul Colin et Cesbron ; les *Écrans*, d'après Gérôme
et Cesbron ; les *Quatre Saisons*, vues du Luxembourg, d'après
Zuber ; les *Cinq parties du Monde*, d'après Mangonot, ainsi qu'un
grand nombre de pièces destinées spécialement au meuble
et dont la composition et l'arrangement sont du plus gracieux

effet. Quelques-unes de ces tapisseries ont été offertes à des souverains étrangers, les autres ont servi à décorer nos palais nationaux, nos musées et nos ambassades.

Nous avons à déplorer la perte de plusieurs grands panneaux et meubles qui furent détruits, en janvier 1894, par l'incendie de l'Exposition de Chicago. Parmi les tapisseries brûlées figuraient les deux premières reproductions des panneaux de *Mars et Vénus* et de *Neptune et Amphitrite*, d'après Jules Badin et Gaudefroy. Cette dernière œuvre, était estimée, à elle seule, 40,900 francs. La perte totale s'éleva à plus de 100,000 francs. Par une négligence inexplicable, les tapisseries n'avaient pas été assurées. On plaida. Mais la cause, gagnée en première instance, fut perdue en appel.

La manufacture a exposé de nouveau, en 1904, aux États-Unis. Il paraît que cette fois les précautions nécessaires avaient été prises et les risques couverts. Mais les tapisseries, qui devaient occuper une salle spéciale, où elles eussent été harmonieusement groupées, ont été séparées, mélangées avec des peintures et placées, en un mot, dans des conditions très défavorables. L'envoi de la manufacture à Saint-Louis était pourtant digne d'attention. Il comprenait quatre beaux dessus de porte d'après Gesbron : le *Paon*, le *Faisan*, le *Coq* et les *Perroquets*, achevés récemment pour la salle à manger du château de Rambouillet : les panneaux de *Neptune* et *Amphitrite* (2ᵉ reproduction), d'après Jules Badin et Gaudefroy ; de *l'Hiver*, d'après Français ; *l'Écran au Masque*, d'après Gérôme et Gesbron, et plusieurs pièces d'ameublement.

D'autres œuvres, et non des moindres, sont en cours d'exécution, notamment un superbe panneau d'après Cormon : *Jeanne Hachette héroïne de Beauvais*. Ce grand tableau d'histoire, qui sort un peu du genre habituel de la manufacture, est silhouetté et traité largement, dans des tons simples et francs, à la manière du XVᵉ siècle.

LE CHOIX DES MODÈLES. — LE MUSÉE.

Comme on le voit, nos artistes les plus en renom sont appelés, aujourd'hui comme autrefois, à travailler pour la manufacture. C'est qu'en effet la question des modèles est absolument primordiale. On ne saurait trop répéter combien il importe de ne donner à reproduire aux tapissiers que des sujets qui conviennent à leur art et qui ne puissent que stimuler et développer leur talent.

En 1882, une commission de perfectionnement, présidée par
le ministre, et dont font partie le directeur des Beaux-Arts
et plusieurs artistes, fut instituée près la manufacture de
Beauvais. Cette commission, analogue à celles des Gobelins
et de Sèvres, a pour principale attribution d'examiner et de
choisir les modèles. Pour s'en procurer plus facilement,
on organisa tout d'abord des concours, dont le lauréat rece-
vait un prix, appelé « prix de Beauvais ». Mais ces concours
ne donnèrent pas les résultats qu'on espérait et furent sup-
primés. On s'adresse aujourd'hui directement aux artistes les
plus qualifiés et cette méthode est encore la plus sûre ; elle
n'empêche pas d'ailleurs de recevoir, en dehors des commandes, les œuvres intéressantes qui seraient présentées.
Une somme de 3,000 francs par an est inscrite au budget
pour l'achat des modèles.

L'administrateur a eu l'heureuse idée d'installer un musée
des modèles. On y retrouve des cartons d'Oudry *Fables*,
paysages et quatre charmants panneaux des *Amusements
champêtres*, de Coypel et Baptiste Monnoyer le grand canapé
de *don Quichotte* ; des modèles à petits personnages de Leprince ou de ses élèves, de Casanova séries des *Voyageurs
à cheval* et des *Convois militaires*), de Lagrenée les *Sciences et
les Arts* et de Le Barbier deux cartons des *Parties du Monde* ;
des types d'ameublement du premier Empire et de la Restauration et des sujets modernes. On ne saurait trop louer l'ini-
tiative de l'administrateur de Beauvais et les efforts qu'il a
dû faire pour réunir les œuvres des peintres qui ont tra-
vaillé pour la manufacture. Malheureusement, trop peu de
ces modèles sont parvenus jusqu'à nous et la liste serait
longue de ceux qui font défaut dans la série reconstituée
par les soins de M. Badin. Des artistes comme Boucher, par
exemple, n'y sont même pas représentés et l'on serait d'ailleurs bien en peine de dire ce qu'ont pu devenir les cartons
de ces suites admirables qui s'appellent les *Fêtes Italiennes*,
les *Amours des dieux* et la *Noble Pastorale*. Ceux-ci, comme
tant d'autres, ont-ils fini par s'user sur les métiers et s'en
aller en pièces, à force d'avoir servi ? — Tel qu'il est, ce
musée, que des recherches suivies pourraient enrichir
encore, offre d'excellents éléments. Il serait à souhaiter
que l'État s'y intéressât et qu'on étudiât les moyens, —
la commission de perfectionnement trouverait là un objet
utile pour ses délibérations —, de lui procurer un local plus
vaste, mieux approprié, où une place suffisante fût réservée
à la partie moderne et où le public pourrait voir à la fois
les modèles et les tapisseries, qui gagneraient à être rap-

prochés et présentés avec plus d'ensemble, dans une seule et même galerie.

Il serait aussi fort intéressant de faire figurer dans ce musée les reproductions en couleurs des principales œuvres exécutées par la manufacture, depuis sa fondation, et que l'on pourrait retrouver, soit chez nous, soit à l'étranger, dans les collections nationales ou particulières.

LE RÔLE ARTISTIQUE DE LA MANUFACTURE.

On a exprimé le vœu, au Parlement, que nos manufactures nationales, pour répondre aux besoins de notre époque, devinssent des foyers d'éducation artistique et professionnelle. La Manufacture de Beauvais est entrée heureusement dans cette voie. Ses cours de dessin sont suivis par un certain nombre de jeunes gens de la ville et, parmi ses élèves, elle en compte deux, qui seront appelés à diriger, après leur apprentissage, d'importants établissements de tapisserie industrielle à Aubusson et à Paris.

On ne peut qu'approuver cette méthode, à la condition toutefois qu'elle ne soit appliquée que dans de sages limites. Il ne faudrait pas en effet que, sous prétexte de favoriser le développement de l'industrie privée, ces admissions d'élèves libres eussent pour conséquence de modifier les règles et le genre de travail de l'école de tapisserie.

La Manufacture de Beauvais, comme ses sœurs des Gobelins et de Sèvres, doit rester avant tout une institution modèle, dégagée des préoccupations d'ordre commercial, et qui contribue, par ses belles productions, à maintenir, dans tout leur éclat, les traditions précieuses et la renommée de l'art français.

L'HIVER

Panneau décoratif d'après Français

IMPRIMERIE CENTRALE ADMINISTRATIVE DE BEAUVAIS

15, Place Ernest-Gérard, 15